ACADÉMIE DE PARIS.

FACULTÉ DES SCIENCES.

CONSIDÉRATIONS GÉNÉRALES
SUR LES FALUNS :

DESCRIPTION DES TERRAINS TERTIAIRES DE LA BRETAGNE ET DES PRINCIPAUX FOSSILES QUI S'Y TROUVENT.

THÈSE DE GÉOLOGIE

SOUTENUE DEVANT LA FACULTÉ DES SCIENCES DE PARIS,

le 1843.

POUR ÊTRE ADMIS AU GRADE DE DOCTEUR ÈS-SCIENCES NATURELLES,

Par P. DUCHASSAING.

PARIS.
IMPRIMERIE DE LACOUR ET MAISTRASSE,
Rue saint-Hyacinthe Saint-Michel, 33.
1844

FACULTÉ DES SCIENCES DE PARIS.

MM. DUMAS, doyen,
BIOT,
FRANCOEUR,
GEOFFROY-ST-HILAIRE,
MIRBEL,
PONCELET,
POUILLET,
LIBRI,
STURM,
DELAFOSSE,
LEFÉBURE DE FOURCY,
} Professeurs.

DE BLAINVILLE,
CONSTANT PRÉVOST,
AUGUSTE ST.-HILAIRE,
DESPRETZ,
BALARD,
} Professeurs adjoints.

DUHAMEL,
VIEILLE,
MASSON,
PÉLIGOT,
MILNE-EDWARDS,
DE JUSSIEU,
} Agrégés.

A MON PÈRE.

A Monsieur MICHELIN,

MEMBRE DE LA SOCIÉTÉ GÉOLOGIQUE DE FRANCE.

CONSIDÉRATIONS GÉNÉRALES

SUR LES FALUNS :

DESCRIPTION DES TERRAINS TERTIAIRES DE LA BRETAGNE ET DES PRINCIPAUX FOSSILES QUI S'Y TROUVENT.

Ce fut en 1810 que parut sur les terrains tertiaires le premier travail qui fit réellement connaître leur importance et l'intérêt de leur étude. A cette époque, en effet, MM. Cuvier et Brogniart firent paraître une description géologique des environs de Paris. Jusqu'à eux les couches supérieures à la craie avaient été mal appréciées; on les regardait comme des terrains de transport d'assez peu d'importance, et c'était plutôt sur les fossiles qu'ils contenaient que les géologues précédents avaient porté leur attention.

Cependant quelques uns, comme Lamanon, qui avait étudié le gypse et les ossements qu'il renferme; Desmarets qui, dans l'*Encyclopédie méthodique*, avait tracé une partie des caractères du bassin de Paris, montraient déjà un véritable progrès sur l'école de Werner, qui considérait la craie comme dépôt récent, et ne prenait guère en considération la longue série de terrains tertiaires.

Après que MM. Cuvier et Brogniart eurent bien précisé les couches supérieures à la craie que l'on rencontre aux environs de Paris, ce fut sur les terrains tertiaires que se porta l'attention de beaucoup de géologues, et de nombreux travaux ont été faits depuis lors à ce sujet. Tous les auteurs qui publièrent leurs idées firent voir un esprit de système préjudiciable aux progrès de la science, mais dont ils ne pouvaient peut-être pas s'écarter à cause du peu de documents qui avaient été réunis, et ils rapportaient au bassin de Paris les différentes couches tertiaires qu'ils découvraient dans d'autres localités. C'est ainsi que M. Brogniart avait rapporté les dépôts de la Gironde au massif tritonien inférieur, que M. Brocchi, tout en reconnaissant une grande différence entre les fossiles des collines subapennines et ceux du bassin de Paris, regardait néanmoins ces dépôts comme contemporains, attribuant le caractère particulier des fossiles à l'influence d'une localité différente.

En 1820, dans sa *Description des terrains des environs de Vienne*, M. Constant Prévost émit le premier l'opinion qu'une partie des dépôts de cette contrée était contemporaine des formations subapennines, et que si on voulait comparer ces deux groupes au bassin de Paris, ce n'était qu'avec le massif tritonien supérieur qu'il pouvait avoir de l'analogie, donnant de plus à penser qu'ils pouvaient être plus récents que ce dernier.

En 1825, cette question fut reprise par M. Desnoyers, qui, donnant une description succincte de différents bassins observés en Anjou, aux environs de Bordeaux, de Tours en Italie, etc., fit voir que l'on pouvait les regarder comme formant une époque particulière, et proposa de leur donner le nom de terrains quaternaires, laissant le nom de tertiaires pour les dépôts de Paris et de Londres comme étant plus anciens.

D'un autre côté, MM. Lycel et Deshayes, reconnaissant cette succession de dépôts plus ou moins récents qui se sont formés depuis la craie jusqu'à nos jours, ont proposé de les diviser en deux groupes d'après la proportion qu'ils offrent d'espèces de coquilles encore vivantes dans nos mers; ces trois divisions sont : l'éocène qui comprend, d'après eux, l'argile plastique, les dépôts marins inférieurs, le massif nymphéen qui les recouvre, et les divers dépôts d'Angleterre qui peuvent s'y rattacher.

2° La miocène, commençant là où finit l'éocène et s'étendant à la molasse du Midi, aux faluns de Tours, de Bordeaux, à certains dépôts d'Italie, ceux de Turin, par exemple, au crag de Suffolck, etc.

3° Le pliocène qui renferme des dépôts plus récents encore que ces derniers, tels que ceux d'Asti, de Norfolck, d'Udewalla, et s'étend jusqu'aux couches aujourd'hui en voie de formation.

Chacune de ces périodes éocènes, miocènes et pliocènes renferment d'après ces deux géologues, une certaine proportion d'espèces vivantes; et d'après eux, il est aisé d'y rapporter les différents dépôts que l'on viendrait à étudier.

Les dépôts qui se rattachent à chacune de ces périodes, celle du miocène, par exemple, quoique se rattachant à la même époque géologique, ne peuvent être regardés comme contemporains les uns des autres; aussi de nombreuses discussions se sont élevées à leur sujet. Nous les laissons de côté. Mais comme les faluns de Bretagne font partie du miocène, je discuterai plus tard leur âge en les comparant à d'autres dépôts de cette période.

Une partie des dépôts tertiaires des environs de Rennes sont à rapporter à ceux que l'on a désigné sous le nom collectif de falun.

Ce mot de falun, ainsi que du reste on l'a déjà dit, s'applique à des roches d'un âge variable, mais d'un aspect lithologique semblable; c'est du reste cette similitude qui a entraîné quelquefois à des rapprochements erronnés.

Ainsi pour les crags anglais de simples apparences avaient entraîné à de graves erreurs; ces dépôts avaient été réunis comme contemporains, toute considération des fossiles étant mise de côté, et cependant il fut reconnu ensuite que le crag de Norfolk était d'une origine bien plus récente que celui de Suffolck; l'analogie des roches seules n'est donc pas suffisante pour permettre leur groupement. Il serait facile de montrer encore beaucoup d'autres exemples où des dépôts méritant le nom de falun, n'appartiennent pas même à l'époque quaternaire; M. Grateloup, dans son *Mémoire sur les échinites des environs de Dax*, distingue deux espèces de faluns : l'un est jaune et peut être considéré comme analogue à ceux de Bordeaux ; l'autre est bleu et s'observe à Narosse, localité très riche en échinodermes. Or, d'après M. Grateloup, ce falun bleu de Narosse est comtemporain du calcaire grossier parisien.

L'on peut encore envisager la question sous un autre point de vue, et montrer que certains dépôts quaternaires sont loin de se présenter avec l'aspect lithologique propre au falun; c'est ce que l'on peut observer pour le dépôt du Loretto en Autriche, que l'on croirait tout d'abord appartenir au terrain crétacé, tandis que ses fossiles, d'après M. Boué, consistent en os de mastodontes, de tapirs, de cerfs, et autres espèces indiquant un dépôt tertiaire récent.

Mettant de côté les faluns considérés en général, je vais à présent m'occuper de ceux de ces dépôts qui ont été rangés dans la période miocène, et qui possèdent des rapports plus intimes avec les terrains de la Bretagne dont j'aurais à m'occuper.

Les couches que la plupart des auteurs ont rapporté au miocène sont les molasses du Midi, les dépôts des environs de Turin, les faluns de Touraine et de Bordeaux, le crag de Suffolck, et les dépôts coquilliers des environs de Vienne, tels sont du moins celles qui ont été le mieux étudiées et le mieux appréciées ; c'est sur eux qu'ont porté les travaux de MM. Desnoyers, Deshayes, Lyeel, Beeck, Sowerby, Collegno, etc.

Ces dépôts, auxquels il faut aussi rattacher ceux de la Bretagne et de l'Anjou, ne sont pas aussi faciles à caractériser que le groupe quaternaire de M. Jules Desnoyers ; nous avons vu que le caractère minéralogique était infidèle, néanmoins il peut servir ; leur superposition sur des terrains tertiaires de la période éocène peut aussi fournir certains renseignements, tout aussi bien que leur distribution par petits bassins isolés, caractère qui toutefois leur est propre avec certains dépôts pliocènes.

L'existence de grands mammifères, tels que les mastodontes, les dinotherium, les rhinocéros, les tapirs, et peut-être les metaxitheriums, sont propres à les faire distinguer tout d'abord des terrains tertiaires plus anciens, dans le cas où leur superposition ne l'indiquerait pas.

Ajoutons à cela une chose sur laquelle M. Desnoyers n'a pas assez insisté. Dans la plupart de ces dépôts miocènes, l'on trouve une grande quantité de scutelles que tout montre être une création de cette époque où elles existaient en grande quantité. Nous ne parlons pas ici des petites espèces, comme le nummularis, qui se trouvent jusque dans le calcaire grossier Parisien, et dont M. Agassiz a fait un genre à part ; mais ce sont les grandes espèces dont il s'agit, et qui se trouvent en quantité à Bordeaux, à Tours, à Dax, dans l'Anjou. Dans quelques dépôts cependant, ils ne sont pas mentionnés comme dans le crag de Suffolck, par exemple. En Bretagne, nous n'en avons pas trouvé, mais c'est probablement par hazard, car les fossiles de l'Anjou, nous les avons presque tous retrouvés à Rennes.

Les terrains dont il s'agit ont paru à tous les géologues devoir leur formation à des mers qui se seraient retirées paisiblement, à des causes analogues à celles qui agissent de nos jours; l'inspection des faluns est en effet bien propre à témoigner en faveur d'une telle opinion, et celles mêmes qui présentent des coquilles brisées en fragments très petits, semblables à ceux dont les sabelles construisent leurs tubes, en renferment de très bien conservées et de très délicates; ils ne doivent donc pas faire exception à la règle.

Toutefois il est une raison qui empêche de déterminer l'âge positif de certains depôts et de leur assigner leurs véritables rapports; c'est la nécessité où l'on se trouve de comparer les fossiles d'un terrain souvent fort restreint avec ceux d'un autre qui se trouve dans les mêmes conditions. Si l'on connaissait d'une manière un peu exacte la faune de chaque dépôt, l'on pourrait faire des rapprochements bien plus exacts, et telle série de couches qui, par exemple, n'offrirait pas une très grande analogie avec les faluns de Touraine pourrait s'y lier par les fossiles d'une autre localité qui servirait d'intermédiaire, et l'on verrait alors que des influences locales, seules, les faisaient différer.

Le terrain ardoisier constitue le sol de la majeur partie des environs de Rennes; c'est dans ses dépressions que se trouvent les différents bassins tertiaires, dont j'ai connaissance, et tout auprès de la ville, l'on voit des collines formée par le terrain de transition; c'est en s'éloignant de la ville, mais dans des directions opposées que se trouvent les deux bassins tertiaires les moins distants, ceux de Lachausserie et de Saint-Grégoire. Au delà de ces deux localités se retrouve encore le terrain de transition; ainsi en quittant Lachausserie et en se rapprochant de Bains, de Polygné, l'on retrouve le schiste ardoisier avec de nombreuses trilobites.

A Chateaubriand, la même composition existe pour le sol,

Parmi les divers dépôts tertiaires que présentent les environs de Rennes, aucun n'est plus commode pour l'étude, et plus complet que celui de Lachausserie : il présente à étudier des couches d'un âge différent, grâce surtout aux travaux que l'on y a exécuté. Divers autres bassins existent à une distance plus ou moins grande de la ville, et peuvent être suivis dans presque toute la Bretagne. Nous citerons outre Lachausserie, le dépôt de Saint-Grégoire, à une lieue de Rennes, en remontant la rivière de Lisle.

3° Celui de Chateaubriand, ville à dix lieues de Rennes, et dont nous possédons divers objets.

4° Le dépôt de Dinan. qui est à peu près à la même distance de Rennes, mais sur la Vilaine et en se rapprochant des côtes du nord.

5° M. Toulmouche (*Annales de la Société géologique*) signale un petit dépôt à Cahard.

6° Un autre à Fems.

7° Un septième dépôt près d'Argentran. Ce dernier, ainsi que les deux qui le précèdent, sont peu éloignés de Rennes.

A Lachausserie, village situé à deux lieues de Rennes, entre cette ville et les mines de Pompéan ; les couches tertiaires reposent sur le terrain ardoisier; elles offrent à considérer à leur partie inférieure des couches d'espèces variées ; elles commencent, d'après M. Payer, par une argile que je n'ai pas vu, mais qu'il décrit très bien (*Annales de la Société Géol*), et qu'il rapporte à l'argile plastique de Paris; puis viennent des assises de calcaire grossier qui présentent l'aspect de celui de Paris. Elles en ont même un caractère que je cite en passant. C'est que les fossiles y sont mal conservés, et l'on ne trouve guère que les moules des coquilles.

Cependant, ainsi que M. Desnoyers, nous y avons

reconnu des miliolites, des nummulites, des cérithes, l'orbitolite plana ainsi que des cardium. Mais l'altération des fossiles empêche de se prononcer facilement sur le véritable rapport de ces couches, que M. Payer rapporte au calcaire grossier Parisien. J'avais aussi eu cette opinion, mais le calcaire d'eau douce dont je parlerai bientôt, et qui me semble correspondre au massif tritonien supérieur de la Seine, me ferait croire maintenant que les couches marines de Lachausserie représenteraient plutôt les terrains tritoniens supérieurs de Paris.

Ce calcaire marin alterne avec une marne jaunâtre, en sorte que leur ensemble constitue une succession de lits minces et alternatifs de calcaires et de marnes.

Un caractère de ce calcaire grossier qui doit, suivant nous, être encore cité, c'est que certains fragments y sont comme à Paris, pour ainsi dire entièrement composé de miliolites.

MM. Toulmouche et Payer ont aussi signalé avec raison un calcaire siliceux reposant sur le calcaire grossier, mais il n'était pas une bien grande puissance; en sorte qu'il faut avouer que l'importance de cette couche, que M: Payer assimile aux meulières de Meudon, ainsi que celle du calcaire marin lui-même, est bien moins grande qu'à Paris; c'est dépôts perdant par là et pour d'autres circonstances une partie des caractères de ceux du bassin de Paris.

Enfin viennent des couches de calcaire argileux, bien pourvues de coquilles d'eau douce; ce calcaire est compacte, sa couleur est jaunâtre, mais les fossiles sont mal conservées; cependant nous avons pu déterminer le planorbis corneus et de petites paludines, ces couches présentent aussi les empreintes de petits bivalves.

Puis vient le falun qui dans quelques autres localités repose à nud sur le schiste ou le granit, tandisqu'à Lachausserie il repose sur le calcaire lacustre.

A quelle partie des dépôts nymphéens du bassin de

Paris, faudrait-il assimiler ce calcaire d'eau douce de Lachausserie; les faits que j'ai réunis ne me permettent pas de me prononcer d'une manière certaine; cependant si l'on peut en juger d'après le peu de fossiles que j'ai mentionnés, et par le dépôt de calcaire siliceux dont il a été question, il me semble qu'il est plus rationel de les rapporter au massif nymphéen supérieur de Paris, ainsi qu'au calcaire lacustre de la Touraine qui, d'après M. Dujardin ne serait que la prolongation de celui de Paris.

Le falun succède à ces couches, et de même qu'à Saint-Grégoire à Dinan et les autres bassins que nous avons cités, il est formé par une roche très peu résistante et qui s'égrène facilement : dans beaucoup d'endroits, elle est à l'état meuble mais quelques fois comme à Chateaubriand elle acquiert une densité assez grande pour être employée aux constructions. Cette roche est composée de grains silex parfois assez gros agglutinés par du calcaire, toute fois ce dernier y prédomine assez souvent aussi il arrive d'y trouver des nodules de silex.

Cette composition telle quelle vient d'être indiquée est aussi celle que l'on observe pour les dépôts des environs d'Angers, et de Doué.

Enfin, dans ces localités, les débris de la roche se montrent formés en grande partie de débris des polypiers dont je parlerais plus loin, mais l'inspection à la loupe n'y démontre aucun cephalopode microscopique.

Ce qui excite surtout l'étonnement dans l'étude des faluns, c'est de les voir ainsi, distribués par bassins peu étendus et plus ou moins espacés : quand à ceux qui sont évidemment d'une même époque, comme ceux dont nous avons parlé, admettre qu'ils ont été formés dans des bras de mer séparés, serait chose invraisemblable, il reste donc à penser que la plupart auraient été contigus dans le principe, mais que les cours d'eaux les dégradations de toutes sortes, qui ont pu survenir auraient détruit en certains endroits ces dépôts peu cohérent et les auraient réduit à des emplacements très bornés quand à leur étendue.

Du reste, suivant plusieurs géologues, ce phénomene aurait eu lieu pour des couches bien plus puissantes, puisqu'ils ont cherché à expliquer, par la disposition que présentent les terrains tertiaires moins récents que les faluns : ce qui, du reste, tendrait à prouver d'une manière certaine la continuité première de ceux de ces faluns dont il est question, c'est qu'en outre des couches de cachausserie, je crois être certain que celles de Saint Grégoire reposent également sur des couches analogues au bassin de Paris, Lachausserie et Saint-Grégoire ne sont séparés que par une distance de quatre lieues qui ne présente que des couches de transition.

Les débris organisés qui doivent être regardés comme caractérisant les faluns de Bretagne et ceux de l'Anjou sont les rétépores dentelle de mer et flubelliforme, les cellépores oculés et épais, et quelques espèces sur lesquelles nous reviendrons, et parmi lesquelles il faut mentionner les chaëtites; à ces espèces, il faut joindre des escharres rameuses et quelques autres espèces que nous ferons connaître.

Parmi les mollusques, ce sont des huîtres, une petite espèce de peigne, des spondyles, une espèce de hinnite et des balanes qui m'ont semblé se rapporter au balanus tintinnabulum.

L'on trouve aussi des dents en pavé semblables à celles de la famille des raies, ainsi que deux espèces de dents de Squales, semblables à celles figurées par Scilla et par Imparato. Enfin nous signalerons les dents du dinotherium Cuvieri et les débris si abondants du metaxitherium.

Après l'exposition que je viens de donner des calcaires de la Bretagne, il importe de faire raporter les rapports que les faluns qu'on y observe peuvent avoir avec les autres dépôts de la période miocène où je les ai placés. La comparaison des espèces fossiles aux vivantes ne m'est guère permise, car quoique l'on rencontre dans ces dépôts beaucoup de débris organiques, ils appartiennent seulement à un petit nombre d'espèces.

Cependant je vais d'abord faire ressortir l'entière contemporanéité des faluns de la Bretagne avec ceux d'Angers et de Doué, et pour cela, il suffit de mentionner la parfaite identité de composition minéralogique et de mentionner aussi la similitude des fossiles : les cellépores épais et ocellés, les rétépores dentelle de mer et flabelliforme leur sont communs et se retrouvent dans chaque fragment de roche ; il en est de même des chaétites, des lichénopores, des os du métaxithérium.

Quant au dépôt des cléons, près de Nantes, ne possédant et n'ayant rien vu qui provînt de cette localité, je ne puis rien en dire.

Mais outre ces dépôts et ceux de Bordeaux, de Dax, de Turin et des environs de Tours dont il a été fait mention, il y a une certaine différence qu'il est bon de mentionner, et nous doutons que l'on puisse s'en rendre compte autrement qu'en admettant une différence d'âge entre ces deux groupes.

Dans les faluns de l'Anjou et de la Bretagne, le nombre des espèces est peu varié : le contraire, on le sait, existe pour Bordeaux, Tours... Dans le premier groupe, les coquilles sont rares et n'appartiennent guère qu'aux genres huître et peigne, les polypiers à réseau font la presque totalité des fossiles, tandis que dans l'autre se trouvent de nombreux tests de mollusques et de nombreux polypiers lamellifères des genres astrées, caryophyllie, dendrophyllie, porite, explanaire, décrits déjà pour la plupart, dans l'ouvrage de M. Michelin ; or, en Bretagne, jamais nous n'avons rencontré ces genres, et tout porte à croire qu'ils ne sont pas plus nombreux en Anjou.

Quelques géologues ne verront peut-être là que des circonstances accidentelles ; mais je doute que les hypothèses qu'ils pourront faire puissent concilier ces différences.

Je ne puis m'empêcher de faire remarquer qu'il y a une certaine analogie entre les faluns et le crag-corallin; dans la collection de M. Huot que j'ai visitée, j'ai vu que ce crag contenait des espèces indiquant un état de choses analogue à ce que j'avais observé en Bretagne; c'étaient des cellépores que M. Lyell mentionne et dont une espèce a été nommée C. mammillata, par M. de Blainville; j'y signale aussi l'existence de rétépores et celui des chaétites qui paraissent ne devoir pas y être rares et se rapprocher beaucoup de ceux que je décrirais,

Mais l'insuffisance des coupes du falun anglais qui ont été données, l'impossibilité où je suis de faire une comparaison plus étendue de fossiles, ceux de Bretagne étant, comme je l'ai dit, peu variés, empêchent de pousser la similitude plus loin ; cependant il paraîtrait probable qu'une partie, au moins, du crag de Suffolck ne serait pas bien différente de celle de l'Anjou et de la Bretagne.

Quant aux terrains de Bordeaux, de Dax, et peut-être à ceux de Tours. Nous croirions volontiers, par la nature des fossiles que nous avons examinés, par les différences mêmes qui les éloignent de ceux de l'Anjou et de la Bretagne, qu'ils se rattachent assez intimement entre eux et avec certains dépôts d'Italie, ceux que l'on observe à Turin, par exemple; car outre que les relevés de coquilles donnés par M. Deshayes, les rangent dans la période miocène, nous avons vérifié que bon nombre de zoophytes fossiles étaient communs à ces dépôts, et surtout à ceux de Bordeaux, Dax et Turin.

Dendrophyllia ramea, Turin. La superga, Tours.
— cornigera, Turin. Artesan, Tours.

— digitalis, Turin, Tours.
— irregularis, Turin, Dax, Tours.
Anthophillum detritum, Artesan, Tours.
Astrea guettardi, Turin, Bordeaux, Dax.
— diversiformis, Turin, Bordeaux.
— astreoites, La superga, Turin, Bordeaux, Dax.
— polygonalis, Turin, Dax, Bordeaux.
— raristella, Turin, ribalva, Bordeaux, Dax.
Gemmipora cyatiformis, Turin, Bordeaux, Dax.
Madrepora glabra, Turin, Dax.
— lavandulina, Turin, Bordeaux, Dax.
Caryophillia Italica, Artesan, Indre et Loire.
Lunulites intermedia, Bordeaux, Turin, Dax.
Lunulites umbellata, Turin, Dax.
Porites collegiana, Turin, Dax.
Caryophyllia pedemontano, Turin, Indre et Loire.
Astrea argus, Turin, Bordeaux, Dax.

Cette liste faite d'après l'iconographie zoophytologique de M. Michelin.

Elle ne sert, du reste, qu'à confirmer les idées de M. Dujardin qui, sur 240 coquilles des faluns de la Touraine, en trouve 82 analogues à celles de Bordeaux et de Dax, et 84 semblables à celles des dépôts d'Italie. Elle montre, aussi, la différence qui existe entre les zoophytes, de ce groupe de terrains et ceux des faluns de Bretagne.

Il est donc probable que les dépôts que nous avons cités peuvent former deux groupes assez distincts, ceux de Bordeaux, de Dax, de Turin, que nous avons cités, et probablement ceux de Tours formant l'un de ces groupes, tandis que les dépôts de la Bretagne, de l Anjou et peut-être le crag corallin composent le second, en sorte que la partie nord-ouest de ces dépôts miocènes offre de la ressemblance entre eux, quant aux points de vue sur lesquels nous avons pu les examiner.

FOSSILES DES FALUNS DE LA BRETAGNE.

1° *Echinolampas Kleinii* (*Desm.*, p. 346). — *Clypeastre kleinii*, (*Goodf.* pl. 42, fig. 5). — *Clyp. richiardi Gratel.*

E. convexe, à contour ovale, se rapprochant de l'orbiculaire et même obscurément pentagone ; base concave ; ambulacres assez larges, excentriques et se prolongeant obscurément jusqu'à la bouche, anus submarginal.

2° *Arbacie grêle. Arbacia gracilis.*

A. hémisphérique, légèrement pulvinée à sa base : espaces ambulacraires égalant les deux tiers des anambulacraires : quatre rangées de tubercules aplatis et très peu saillants dans les premiers de ces espaces, et quatre dans les seconds.

(*Collection de M. Michelin.*)

Cet oursin se trouve en Bretagne et dans l'Anjou : la nature et le moindre nombre de ses tubercules le distingue suffisamment de l'arbacia monile de M. Agassiz, auquel il ressemble, du reste, pour la taille.

tépore flabelliforme. Retepora flabelliformis (Blv.).
(nommé, mais non décrit).

Polypier frondescent, paraissant avoir été en forme de coupe ou d'éventail ; à rameaux dichotomes, anastomosés, et réunis entre eux à de courts intervalles par des prolongements transversaux, ainsi que cela s'observe pour le canda arachnoïdes de Lamouroux ; la surface interne seule est cellulifère.

(*Collection de M. Michelin.*)

4° *Rétépore dentelle de mer.* (*R. cellulosa*) L K — *Solander et Ellis, tab.* 26, f. 2, — *Michelin*, tab. 14, f. 40.

R. a expansions délicates en forme de coupe et percées de mailles elliptiques, surface interne lisse et présentant seule des cellules polypifères.

5° *Frondipore de Marsilli Frondipora Marsillii* (blv.) — *Marsilli*, pl. 34, f. 165-166. *Michelin*, p. 68, tab. 11, f. 4.

F. a expansions rameuses, à rameaux divergents, quelquefois anastomosés, ces rameaux ne sont poreux qu'à leur extrémité supérieure ; le reste de leur surface est lisse

(*Collect Michelin*)

6° *Diastopore hérissé* (*diastopora echinata*) *cellepora echinata Goodf*, pl. 36, p. 14.

Polypier rampant, rameux, à cellules tubuleuses ayant un orifice arondi.

Ce polypier s'offre sous la forme de ramifications délicates, à la surface des corps marins : c'est à tort que M. Goodfuss le rapporte aux cellépores, car il ne présente pas les cellules courtes, ramassées, confusément entassées les unes contre les autres comme il arrive chez les espèces de ce genre : les cellules au contraire ne sont pas contigues, mais distribuées à la surface d'une lame rampante : ce polypier se rapproche assez des elzérines et des phéruses : mais comme les espèces de ce genre sont molles et que l'on ignore si leur fossilisation est possible, nous avons cru devoir rapporter cette espèce aux diastopores.

Faluns de Rennes.—Se trouve aussi d'après M. Goodfuss dansles sables tertiaires d'Astrupp.

7° *Palmipore du déluge* (*palmipora diluvii*), fig 2 3, 4,

Polypier rameux, à rameaux fréquemment anastomosés : son port parait avoir été celui du palmipora alcicornis avec lequel il a de grandes ressemblances, mais dont il se distingue en ce que ses rameaux n'offrent que peu d'applatissement, et en ce que ses cellules plus nombreuses demandent pour être vues le secours de la loupe.

7° *Cellépore épais* (*celleporaria incrassata*). L K., n° 2;— *Marsilli*, t. 32, f. 150 et 151.

C. rameuse ou lobée, à rameaux épais, ronds et solides intérieurement, texture très spongieuse ; cellules ovales, confuses et mutiques.

Cette espèce a dû acquérir une grande taille, si l'on s'en rapporte à l'épaisseur des fragments que nous possédons et qui ont jusqu'à un pouce de diamètre : cependant ses autres caractères empêchent de l'éloigner de l'espèce vivante sous le nom de laquelle nous l'avons rangé.

Très commun à Rennes, Doué, Angers.

(*Coll. Michelin.*)

9° *Cellépore oculé* (*cellepora oculata*), LK n° 4. Biv.

Espèce rameuse, à rameaux cylindriques dichatomes, percés ca et là de trous ronds comme certaines éponges, et spongieux intérieurement.

J'ai pensé devoir laisser ce fossile sous ce nom, quoique sa taille l'emporte sur ce qui arrive pour l'espèce de Lamark ; et qui d'une autre part, M. Michelin le soupçonne d'être un polypier lamellifère dont les rayons des étoiles seraient détruits : sur un bon nombre d'échantillons que je possède je n'ai jamais pu trouver la confirmation de l'opinion de M. Michelin.

10° *Celléporraire éventail* (*Celleporaria flabellum*) fig. 1

Polypier rameux, à disposition flabellée, rameaux larges et applatis ; surface présentant de nombreux mamelons ; ces mamelons et l'espace qui les sépare sont garnis de cellules nombreuses contigues et confusément entassées.

L'intérieur de ce polypier est solide et d'une texture

spongieuse ; sa surface paraît finement granuleuse à cause des nombreuses cellules qui la hérissent.

Cette espèce est bien différente du celleporia mamillata mentionnée par M. De Blainville dans son actinologie et et qui se trouve dans la collection de M. Huot : le celleporaria mammillata est globuleux ; il est formé par de courtes branches verructiformes et ressemble beaucoup pour la forme au millepora byssoïdes.

11° *Aulopore rameuse* (*aulopora ramosa*).

A. rampante, rameuse, à tubes peu nombreux et presqu'isolés à la base, mais confluents et serrés au sommet : tubes cylindriques dressés en partie libres, longs d'environ trois quarts de ligne : le polypier a environ un demi pouce de longueur.

Ce fossile présente ceci d'intéressant que jusqu'ici les espèces du genre dont il fait partie n'ont été trouvées que dans les terrains anciens, à savoir dans ceux de la période oolithique et de transition.

La forme de ses cellules le distingue suffisamment de l'aulopore tubiforme de Goodfuss.

12° *Lichénopore de Rennes* (*Lichenopora Rennensis*), fig. 8.

L. Convexe, hémisphérique, fixé largement par sa base, sillonné à sa surface extérieure, ayant souvent une petite dépression centrale au sommet, pores petits et peu nombreux.

Ce polypier est très petit ; il représente assez bien le lichénopore des craies ou celui de la Méditerranée ; mais il diffère de tous deux par le petit nombre de côtes qui sillonnent la surface libre, et ensuite par ses pores plus rares, plus espacés. Enfin, ses côtes n'offrent pas ces nombreuses cellules que montre non seulement le lichénopore méditerranéen, mais aussi celui des craies, quoiqu'en ait dit M. Defrance, qui paraît n'avoir fait sa description que sur des individus mal conservés. Ses côtes dont nous avons parlé, sont au nombre de trois à six environ, et ressemblent plutôt à de petits tubercules.

Rennes, Doué, Angers.

(*Coll. Michelin.*)

13° *Tubulipore étoilé* (*T. Stellata*). fig. 6 et 7.

Corps orbiculaire, aplati, fixé sur les coquilles fossiles, adhérent par sa face inférieure toute entière ; branches rayonnantes du centre à la circonférence, et perforés chacunes à leurs extrémités de plusieurs loges polypifères.

La disposition des cellules rapproche assez ce polypier du tubulipore transverse, mais sa forme l'en éloigne, ainsi que l'empâtement qui réunit ses tubes et en ferait un lichénopore si sa surface supérieure était garnie de pores.

GENRE CHAÉTITES.

Nous avons cru devoir adopter ce genre qui, établi par M. Fischer, dans sa Description des fossiles des environs de Moscou, a été approuvé par M. Michelin, dans son Iconographie des zoophytes fossiles.

Ce genre est tout-à fait voisin des alvéolites, et établit un véritable passage entre elles et les favosites. De même que les alvéolites, les chaétites sont composés de couches concentriques, particularité qui se trouve aussi dans les favosites, quoiqu'à un degré moins marqué. Dans ces trois genres, la loge polypifère est cloisonnée de distance en distance. Quoiqu'il en soit, les chaétites se distinguèrent des favosites par leurs cellules capilliformes sans communications latérales, et des alvéolites par leurs tubes fins, divergents en panicule, ayant un orifice arrondi, et atteignant une largeur souvent considérable, malgré leur ténuité. Ainsi, M. Fischer en a décrit où ces tubes avaient des longueurs considérables ; nous avons trouvé dans la craie à hippurites du Périgord des chaétites très volumineux, dont les cellules, semblables à des soies entassées les unes contre les autres, avaient plus de deux pieds de longueur. Enfin, ces polypiers affectent une forme orbiculaire ou hémisphérique.

Dans quelques-unes des espèces à rapporter à ce genre, la disposition en couches concentriques est peu évidente, mais peut toujours s'y démontrer par la cassure ou par l'inspection de certaines parties du polypier.

Les chaétites paraissent avoir une distribution géologique étendue, puisqu'ils sont communs dans les terrains supercrétacés, que nous en avons trouvé et dans la craie à hippurites du Périgord et dans le grés vert; enfin, nous en possédons et en avons vu dans le cabinet de M. Michelin, qui provenaient des calcaires de l'oolithe.

14° *Chaétites pauniformis* (*alvéolites pauniformis Blv.*), fig. 10 et 11.

Masse convexe, hémisphérique, adhérente par sa base aux corps marins, texture très fine et très serrée, les tubes des polypes n'étant guère plus gros qu'un cheveux. A l'époque des premiers développements, ce polypier ne consiste qu'en un corps en forme de capule convexe en dessus et concave en dessous (fig. 10); plus tard ils prennent des formes qui montrent dès l'abord la disposition en couches concentriques.

Nous avons décrit sous le nom de chaétites cette espèce que M. de Blainville avait rangée parmi les alvéolites, parce qu'il nous a paru que cette espèce appartenait évidemment au premier de ces genres. Du reste, elle n'a pas encore été décrite, mais seulement nommée par M. de Blainville dans la collection de M. Michelin.

Très commun à Rennes, à Doué, à Angers.

(*Coll. Michelin.*)

15° *Chaétites Mamillaris* (fig. 9).

Corps arrondi, tantôt presque rond comme un petit boulet, d'autre fois hémisphérique; surface mammelonnée ; les mamelons et les intervalles qui les séparent sont criblés de pores bien visibles à l'œil nu, qui sont les orifices des cellules. Les cloisons des cellules sont distantes d'une ligne à une ligne. Cette espèce et la précédente n'atteignent qu'une assez petite taille.

Variété A. Est caractérisée par le manque de mamelons, mais sa grosseur étant la même, le diamètre des tubes et l'espace qui sépare leurs cloisons étant les mêmes, nous n'avons pas voulu en faire une espèce à part.

Commun à Rennes, Doué, Angers.

(*Coll. Michelin.*)

METAXITHERIUM.

Les débris fossiles de cet animal sont très abondants dans les faluns de Rennes de Chateaubriand, et de Dinan; aussi il est surprenant que l'on n'ait point possédé plutôt les matériaux nécessaires pour caractériser ce genre intéressant qui nous montre des affinités si grandes avec certains des mammifères qui vivent dans les mers actuelles; dans les bassins qui font le sujet de cette thèse; les débris du métaxithérium se trouvent à l'état de carbonate de chaux, la surface extérieure des os est d'un noir foncé, tandis que la cassure fait voir que leur intérieur est coloré en jaune. Nous en avons vus qui venait de l'Anjou, et qui présentaient tous une coloration semblable et des caractères extérieurs à peu près analogues.

Des débris très incomplets des metaxitherium avaient été attribués par Cuvier à des animaux différents ; un fragment de tête et un avant bras avaient été rapportés par lui aux lamentins, un humerus avait été désigné par lui comme ayant appartenu à un phoque, enfin il avait cru devoir en rapporter les dents au genre rhinoceros (mémoire de M. Christol.)

M. Christol ayant eu occasion d'étudier des os plus complets et les ayant comparés à ceux décrits par Cuvier, a vu qu'ils avaient appartenu à un genre particulier qu'il a établi sous le nom de Métaxitherium; il a montré que la place de cet animal, était parmi les cétacés et que leur squelette les rapprochait du dugong tandis que leurs dents les plaçaient à côté des lamentins.

Cependant M. Christol n'avait jugé de ces rapports que d'après un avant bras, une tête assez complète et les fragments d'un humerus avec les quels il avait restitué l'os en entier; cette restauration a du reste été faite très habilement et l'huméras qui en a été l'objet, s'est montré conforme à ceux que nous avons recueilli à Rennes.

La forte torsion de l'os du bras, la crète très forte qui règne sur toute sa longueur et représente une sorte de ligne âpre, font qu'il est très applati comme chez les cétacés, et qu'il ressemble tellement à celui du dugong qu'il est difficile d'y trouver quelque différence.

M. Christol fait encore remarquer que la tête de l'humerus, et la partie externe de la trochlée de cet os, l'éloignent beaucoup de ce qui arrive chez les phoques. Ces os offrent en outre un tissu serré et compact, surtout dans la diaphyse et il n'y a pas de traces bien sensibles de canal médullaire, particularités qui tendent toutes à faire du métaxitherium un être marin.

Nous avons aussi possédé plusieurs vertèbres dont une est déposée au muséum; toutes venaient à l'appui des idées de M. Christol. Les apophyses transverses sont très volumineuses très applaties, et aussi longues que les apophyses épineuses ainsi qu'il arrive chez les cétacés; les surfaces articulaires du corps des vertèbres sont plates; chacune de ces vertèbres est plus large que haute rappelle exactement celle de lamantins et dugong. Nous avons aussi déposé au musée une omaplate mais qui nous a parue n'être pas dans un tel état de conservation que l'on pût en tirer de bons caractères.

Ce que nous venons de dire au sujet des os que nous

possédons doit s'appliquer à la plus grande des deux espèces admises par M. Christol ; car bien que nous ayons trouvé un humérus qui, par sa bien moindre grandeur, semble se rapporter à une espèce plus petite, nous n'en avons cependant pas la certitude.

Les os les plus communs dans les faluns de Bretagne, sont les côtes, mais elles ne s'y trouvent que brisées, en sorte que l'on ne pourrait conclure que théoriquement de leur longueur ; ces os, du reste, sont très épais, ainsi que chez les représentants actuels de ces êtres et d'un tissu très serré; leur volume est remarquable et l'emporte souvent de beaucoup sur ceux du dugong balicore : la même réflexion pourrait se faire à l'égard de certains humérus, en sorte que l'on peut affirmer que la plus grande des deux espèces de metaxitherium dont parle M. Christol a dû atteindre une taille bien supérieure à celle des dugongs de nos mers.

Nous possédons un fragment de côte qui présente deux pouces et demi de large et seize lignes environ d'épaisseur. Du reste, l'épaisseur elle-même de leurs côtes serait un caractère suffisant pour distinguer le métaxithérium des différentes espèces dugongs et des lamentins que nous connaissons.

PROPOSITIONS.

ZOOLOGIE.

I.

La composition de l'œuf varie beaucoup chez les animaux; l'on peut dire cependant qu'elle est d'autant plus simple que l'animal est moins élevé en organisation.

II.

On admet quatre modifications principales du système nerveux dans la série animale ; chacune d'elles répondant à l'un des embranchements.

GÉOLOGIE.

I.

L'étude des fossiles ne peut donner une connaissance parfaite de la nature vivante de chacun des âges passés.

II.

Il est permis de penser que la plupart des corps organisés que l'on trouve dans les terres ne se sont pas pétrifiés à la place même où les animaux ont vécu.

III.

Aussi il est bien difficile de distinguer les dépôts en pélasgiens et littoraux en se fondant sur la nature des fossiles.

IV.

L'on ne peut méconnaître les traces de l'éruption de la mer à diverses reprises sur le sol de Paris pendant la période tertiaire.

V.

Les mêmes couches peuvent, à une distance souvent peu considérable, augmenter beaucoup de puissance et acquérir d'autres fois une texture toute différente.

VI.

La distribution géologique des fossiles n'autorise pas à admettre la transmutation des espèces.

BOTANIQUE.

I.

Des substances de nature différente sont contenues dans le tissu utriculaire des végétaux.

II.

La symétrie de la fleur peut être déguisée par la multiplication, le dédoublement, la soudure, l'avortement et la combinaison de ces différentes causes.

III.

Les organes de la fleur présentent de la symétrie avec les parties les plus voisines.

IV.

Les diverses inflorescences peuvent être généralement considérées comme n'étant que des modifications les unes des autres.

Vu et approuvé :

Le doyen de la Faculté des sciences,

DUMAS.

Permis d'imprimer :

L'Inspecteur-général des études,
chargé de l'administration de l'Académie de Paris,

ROUSSELLE.

EXPLICATION DES FIGURES.

Figure 1. Celléporaire éventail (C. flabellum), grandeur naturelle.

Fig. 2, 3. Palmipore du déluge (P. Diluvii), 2 morceaux grandeur naturelle.

Fig. 4. Petite branche du même.

Fig. 5. Un fragment du même grossi pour faire voir les cellules des polypes.

Fig. 6. Tubulipore étoilé (T. Stellata), grand. natur.

Fig. 7. Rayons du même grossis pour montrer les pores.

Fig. 8. Lichenopore de Rennes (L. Rennensis), gr. natur.

Fig. 9. Chaétites mamillaire (C. mamillaris), grand. nat.; cette fig. représente une coupe longitudinale.

Fig. 10. Chaétites paumiformis (ch. paumiformis), grand. naturelle vu en dessus.

Fig. 11. Le même, plus âgé, vu en dessous pour montrer son mode de croissance.

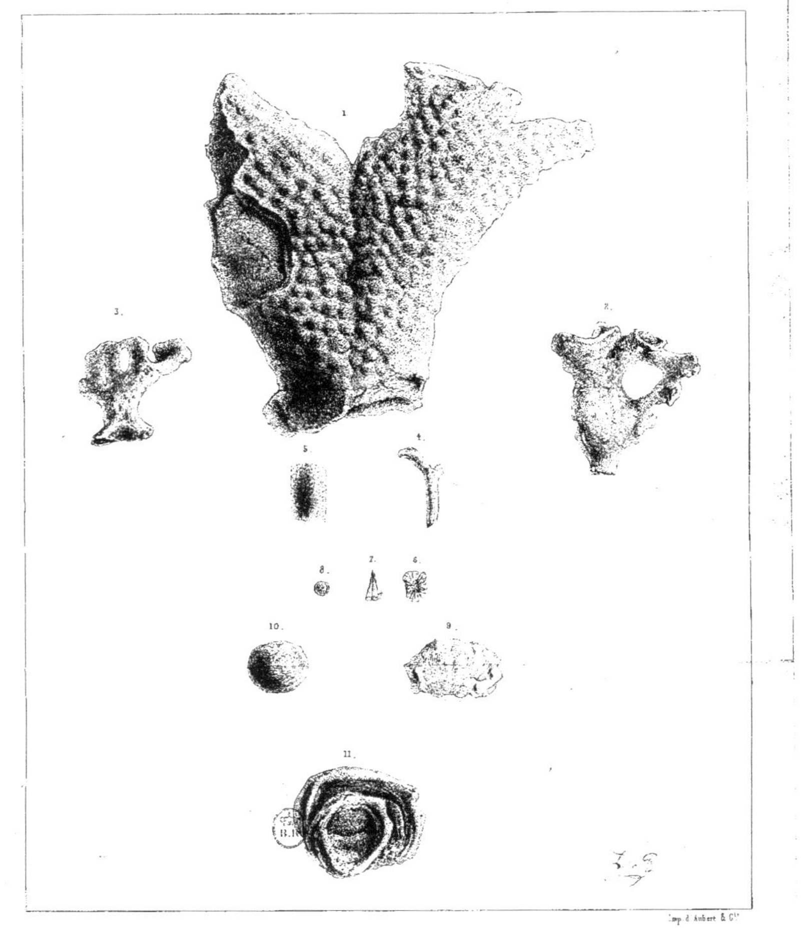

Imp. d'Aubert & Cie

www.ingramcontent.com/pod-product-compliance
Ingram Content Group UK Ltd.
Pitfield, Milton Keynes, MK11 3LW, UK
UKHW012120240726
13965UKWH00005B/1868